乡村振兴之职业技能提升系列培训教材

服装 缝纫工

董向兰　牛东波　马 峰 ◎ 主编

- 培训技能人才
- 推动乡村振兴
- 助力农民增收致富

 中国农业科学技术出版社

图书在版编目（CIP）数据

服装缝纫工／董向兰，牛东波，马峰主编．—北京：中国农业科学技术出版社，2020.8

ISBN 978-7-5116-4915-7

Ⅰ.①服… Ⅱ.①董…②牛…③马… Ⅲ.①服装缝制–基本知识 Ⅳ.①TS941.634

中国版本图书馆 CIP 数据核字（2020）第 144688 号

责任编辑	白姗姗	
责任校对	贾海霞	
出 版 者	中国农业科学技术出版社	
	北京市中关村南大街 12 号　邮编：100081	
电　　话	(010)82106638(编辑室)　　(010)82109702(发行部)	
	(010)82109709(读者服务部)	
传　　真	(010)82109698	
网　　址	http://www.CASTP.cn	
经 销 者	各地新华书店	
印 刷 者	北京富泰印刷有限责任公司	
开　　本	880mm×1 230mm　1/32	
印　　张	4	
字　　数	105 千字	
版　　次	2020 年 8 月第 1 版　2020 年 8 月第 1 次印刷	
定　　价	20.00 元	

前　言

　　服装工业已成为国民经济的重要产业。全国范围内众多的服装生产企业，都需要大批能够进行服装缝纫生产的熟练工人。随着服装生产的科学化和规模化，人们生活水平的提高、生活节奏的加快等诸多因素的影响，缝纫工在大部分城市的劳动力市场中都是供不应求的，该行业发展前景看好。

　　本书从当前服装缝纫车工岗位实际需要出发，基本不涉及复杂的理论，强化了技能的通用性和实用性。全书联系企业生产实际，注重实用性与代表性，以图配文，通俗易懂，通过本书的学习，学员能够达到服装制作相关岗位的技能要求。本书还可供初涉或从事服装制作工作的人参考。

编　者

目　　录

第一章　缝纫基础

第一节　基本缝型与缝纫工艺

服装是由一定数量的衣片构成的，衣片之间的连接线称为"衣缝"。由于服装款式不同、面料不同，因而在缝制过程中所采用的连接方式也不相同，由此形成了不同的缝型。常用的基本缝型及其机缝工艺介绍如下，如图1-1所示。

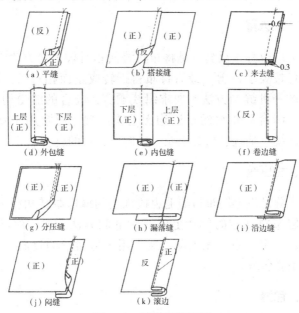

图1-1　基本机缝工艺

一、平缝

平缝也称合缝或勾缝，是将两层衣料正面相对叠合在一起，沿一定量的缝份进行缝合。

平缝是服装缝制中最基本、应用最广泛的一种缝制方法，如上装的肩缝、侧缝、袖缝，下装裤子的侧缝、下裆缝，裙子的分割缝以及其他的一些结构线的缝合等。要求缉线顺直，缝份咬合的宽窄一致。

二、搭接缝

搭接缝是将两块衣料的缝份相互搭叠后，居中缉缝的一种缝制方法。通常用于领衬、腰衬、胸衬或其他一些暗藏部位的拼接。要求缉线直顺，上下层布料平服，松紧一致不起皱。

三、来去缝

来去缝也称正反缝，是将布料背面相对按平缝方法缉合后，再将缝份按要求修剪，最后将布料折转成正面相对后，缉第二道缉线的一种缝制方法。要求缉线顺直，咬合的缝份均匀、宽窄一致，缉合后布料的正反均无毛头出现。通常用于女衬衫、童装的侧缝、袖缝、肩缝以及一些内衣、裤的缝合。

四、扣压缝

扣压缝是将上层布料的毛边按规定的缝份翻转扣烫平整后，缉在下层布料规定的位置上的一种缝制方法。要求缉线顺直，线迹距边宽窄一致，无毛漏。通常用于男衬衫的过肩、贴袋等部位，不必包缝。

五、包缝

包缝是以预先多留出的上层布料的缝份折转，包住下层布料的缝份后再进行缉缝的一种工艺形式。分为内包缝与外包缝两种，外包缝的正面呈双明线，内包缝的正面呈单明线。要求缉线顺直，止口整齐，明线的宽窄一致。通常用于单服类的上衣的摆缝、肩缝、袖缝以及裤子的侧缝、裆缝处等。

六、卷边缝

卷边缝也称"包边缝"，是将布料的毛边按要求做两次折转扣净后，缉缝在布料上的一种工艺。要求折转的折边宽窄一致、平服、无链形，缉线顺直。多用于上衣的袖口、衣摆，裤子的脚口，裙子的底边等处。

七、分压缝

分压缝也称"劈压缝"，是衣料按平缝方法缉合后，再在分缝的基础上加压一道明线用以加固、平整缝份的一种工艺形式。要求缉线直顺，衣料平整，明线的宽窄一致。多用于裤子的裆缝、袖子的内袖缝等需加固的部位。

八、漏落缝

漏落缝也称"贯缝"，是按平缝的方式将衣料缝合并分缝后，将其中的一层布料向反面折转，为固定折转后的布料，在分缝的缝巢内缉缝一道线。要求缉线要缉在缝巢内，不可缉到布料上。主要用于高档服装挖袋、挖扣眼以及滚边等部位。

九、沿边缝

沿边缝是将两层衣料平缝并倒缝后，把其中的一层布料向反面折转，为固定折转后的布料，紧靠倒缝的边沿缉缝一道线。要求缉线靠紧倒缝边沿，但不能缉在边沿上。多用于下装的绱裤腰、绱裙腰。

十、闷缝

闷缝也称"骑缝、压缉缝",是用扣压缝的方式将平缝后的缝份包转在内的一种缝制方式。要求缉线顺直,距边宽窄一致,第二道扣压缝缉线要盖住第一道平缝的线。多用于上装的绱领、编袖头以及下装的绱腰头等。

十一、收细褶

收细褶是将针距调大后,以右手食指抵住压脚后端衣料,使衣料移动受阻而产生收拢、皱纹的一种工艺。多用于薄料服装的袖山、袖口、裙腰等需要收细褶的部位。

十二、滚边

滚边是用正斜(45°斜)条布料,以沿边缝或压缉缝的方式,将衣料毛边包裹在内的一种工艺形式。要求滚边饱满、平服、宽窄一致,无链形。多用于男、女长大衣的下摆,女裙的下摆以及薄料的缝份毛边等部位。

第二节 传统工艺的缝制方法

我国传统服装缝制工艺,过去只是在中式服装中采用。现在将这些传统工艺开发出来应用于时装的缝制,既能够强化服装的民族风格,又能增强服装的外观装饰性。

一、滚滚

滚滚指滚边,既是处理衣片边缘的一种方法,也是一种装饰工艺。滚边按照宽度形状可分为细香滚、窄滚、宽滚、单滚、双滚等多种形式。按照滚条所用的材料及颜色不同又可分为本色本料滚、本色异料滚、镶色滚等。按照缝制过程中所采用的缉缝层数不同又分为二层滚、三层滚、四层滚等。下面是各种滚边的规格和制作要点。

1. 细香滚

滚边宽度为 0.2cm 左右，成型形状为圆凸形，与细香相似。

2. 窄滚

指滚边宽度为 0.3~1cm 的滚边。

3. 宽滚

指滚边宽度在 1cm 以上的滚边。

4. 单滚

指只有一条滚边。

5. 双滚

在第一条滚边上面再加上一条滚边。

6. 本色本料滚

指滚边使用的面料及颜色都与服装面料相同。

7. 本色异料滚

指滚边使用的面料与服装面料颜色相同而材料不同的滚边类型。

8. 本料异色滚

指滚边使用的面料与服装面料材料相同而颜色不同的滚边类型。

9. 二层滚

面料与滚条均不扣转，只是将滚条平缉于面料之上。

10. 三层滚

为了防止面料的毛边纱线脱散，在缉滚条之前，先将面料的毛边扣折，然后将两层面料与一层滚边同时缉缝。常用于细香滚或易脱散的面料。

11. 四层滚

为了防止面料和滚条料毛边脱散，并使滚条的边缘厚实，先将面料和滚条的边缘分别扣折，然后缉缝。

12. 包边滚

指用包边工具把滚条料一次缝合后包在面料边缘上。正反两面都可以见到线迹。

二、嵌嵌

嵌嵌指嵌线，是处理服装边缘的一种装饰工艺。嵌线按照缝合的部位不同分为外嵌线和里嵌线两种。下面分别介绍各种嵌线的缝制工艺。

1. 外嵌

一般指在领口、门襟、袖口等止口外面的嵌线，是服装中运用比较广泛的一种嵌线。

2. 里嵌

指嵌在滚边、镶边、压条等里口或者两衣片拼缝之间的嵌线。

3. 扁嵌

指嵌线内不衬线绳，因而外观呈扁形的嵌线。

4. 圆嵌

指嵌线内衬有线绳，因而外观呈圆形的嵌线。

5. 本色本料嵌

指与服装质地及颜色完全相同的面料制成的嵌线。

6. 本色异料嵌

指与服装颜色相同而质地不同的面料制成的嵌线。

7. 本料异色嵌

指与服装相同质地而不同颜色的面料制成的嵌线。

三、镶镶

镶镶主要指镶边和镶条工艺。镶边从表面上看与滚边相似，主要区别是滚边包住面料，而镶边则是与面料对拼，或者在镶边与面料的拼缝之间夹一嵌线即"嵌镶"，或者夹在面料边缘的缝份上即"夹镶"。镶边工艺在服装上的运用形式很多，运用的部位也比较广泛，因而所形成的外观效果也多种多样。制作时可以根据服装的款式特点和面料特点进行选择。

四、宕宕

宕宕指宕条，是做在服装止口里侧的装饰布条。宕条的做法有单层宕、双层宕、无明线宕、单明线宕、双明线宕等。根据式样不同又分为窄宕、宽宕、单宕、双宕、三宕、宽窄宕、滚宕等多种。宕条的颜色一般用镶色，也可以同时使用几种颜色组成纹样。

1. 单层宕

先将宕条的一边扣折后，按照造型的宽窄缉在面料上，然后翻转熨烫平整。

2. 双层宕

先将宕条双折，熨烫好后按照预定的宽度缉在面料上面，然后翻转熨烫平整。

3. 无明线宕

第一道车缝后将宕条翻转过来，再用手针缲边，使宕条的两边均不见明线。

4. 单明线宕

第一道车缝后将宕条翻转过来，再将宕条的另一边扣折，由正面缉一道单明线。一般明线的一边做在里口处。

5. 双明线宕

也称双线压条宕。先将宕条的两边扣折，然后在宕条的两边各缉一道明线。

6. 宽宕

宕条的宽度在 1cm 以上。

7. 窄宕

宕条的宽度在 1cm 以下。

8. 单宕

只使用一条宕条。

9. 双宕、三宕

指平行使用两条或三条宕条。

10. 宽窄宕

指将两条或多条不同宽度的宕条做在一起，如一宽一窄宕、二宽二窄宕等。

11. 一滚一宕

在滚条的里口再加一根宕条。

12. 一滚二宕

在滚条的里口再加上两根或多根宕条。

13. 花边宕条

用织带花边代替宕条材料，既方便缝制，又增加装饰效果。

14. 丝条宕条

用丝条作直线宕或将丝条编排成图案状。

五、缉花

缉花是丝绸服装中常用的一种装饰工艺。一般有云花、人字花、方块花、散花、如意花等图案。缉花时在面料的下面垫衬棉花及皮纸，亦可用衬布代替。需缉花的领子、袖克夫等部位不必再加衬布。

1. 云花

因花型像乱云，故也称云头花。按照花型的大小或疏密不同，可以分为密云花、中云花、疏云花、大云花等多种。常用于领子、袖口、口袋等部位的装饰。

2. 缉字

先将字画在纸上，再将纸覆在面料上面，按照字形进行缉缝，缉缝后再将纸除去。常用于上衣的前胸、后背等部位的装饰。

3. 如意花

常用于上衣的门襟、开衩等部位的缉线装饰。

第三节 缝纫机针规格与用途

缝纫机针分为家用缝纫机针和工业用缝纫机针两大类。通常为了区别不同缝纫机所用机针，各种机针在号数前都有一个型号，用来表示该针所适用的缝纫机种类，如 J-70，"J"表示家用缝纫机针等。

缝纫机针的规格也是用号数表示的。缝纫机针不同规格的主要区别在于针的直径的大小不同，没有长短的变化。通常号数越大，针越粗，常用的一般有 9~16 号。同手针一样，为保证缝纫质量，缝纫机针的选用是根据衣料的厚薄和所使用线的粗细来决定的，见表 1-1。

表 1-1 缝纫机针规格与主要用途

习惯使用针号	适用的缝料种类
9	丝绸、薄纱以及刺绣等
11	薄棉、麻、绸缎及刺绣等
14	斜纹、粗布、薄呢绒、毛涤等
16	厚棉布、绒布、牛仔布、呢绒等
18	厚绒布、薄帆布、毡料等

第四节　服装缝纫线的选用

一、缝纫线的种类与特点

缝纫线用于缝合各类纺织品，强度高、伸长变形小和尺寸稳定性好是缝纫线品质的基本要求。

（一）按缝纫线的纤维组成分类

1. 棉线

棉线一般采用普梳或精梳棉纺工艺制得。经过丝光、烧毛、染色和上蜡等必要的后加工，可以提高棉线的缝纫性能。

棉线的强度较高，拉伸变形能力较低，尺寸稳定性较好，能满足缝纫线的 3 个基本要求，但其表面光洁度不如长丝纱做成的缝纫线，耐磨性和弹性较差，仍具有一定的缩水率。

经过丝光处理（在碱液中接受拉伸处理）的棉线被称作"丝光棉线"。它一般采用精梳棉纱做原料，又经丝光加工，所以线的质地比较柔韧，而且光泽好，表面光洁平滑，一般用于手缝、包缝、线钉、扎衣样、缝皮子，对棉织物的适用性较好。经过上油处理的棉线称为"软线"。软线表面无光，但比较柔软，主要用于缝制棉织物，其基本用途与丝光棉线相仿。

经过上蜡处理的棉线称为"蜡棉线"，虽然上蜡处理可使蜡棉线的缝纫性能有所改善，但蜡棉线比较硬挺，一般适用缝制较为硬挺的材料，如皮革或需高温定型的服装。

2. 丝线

用作缝纫线的丝线实际上是一种由蚕丝构成的股线，它分为长丝纱的股线和绢丝的股线两种类型。蚕丝长丝纱合股（6~100股）后，再经过精炼、染色等加工，即可制得长丝纱股线，其色彩鲜艳，质地柔软，平滑光洁，光泽好。绢丝经染色加工后制得的是短纤纱股线，其质地较为松软、平滑，并保持了天然蚕丝纤维优良的性能特点。丝线是缝制真丝服装、全毛服装等高档服装的缝纫线，是缉明线的理想用线。由于天然丝线的价格较高，所以在很多场合它已被涤纶长丝纱的缝纫线所替代。天然丝线的水洗缩率较大是它的缺陷。

3. 涤纶缝纫线

涤纶缝纫线是指用涤纶长丝纱（一般为 8tex 或 8.5tex）或涤纶短纤纱（一般为 7.5~15 tex）制成的双股线，前者常被称为涤纶丝线。

涤纶丝线的含油率较高，一般为 4%~6%，多数经过硅蜡处理。这种丝线的强度高，表面平滑，弹性好，水洗缩率小，有较好的可缝性。涤纶丝线的用途与天然丝线相仿，由于其价格较为低廉，所以用量越来越大，尤其适宜缝制化纤服装。以涤纶低弹丝为原料制成的涤纶长丝缝纫线具有良好的伸缩弹性，它与针织服装、运动服、健美衣裤、紧身内衣裤等弹力衣料比较匹配，缝制效果比较理想。涤纶短纤缝纫线是服装业的主要用线，它具有强度高、耐磨性好、缩水率低、耐腐蚀、耐气候等优点，如再经过特种整理（阻燃整理、防水整理等），还可用于特种纺织品的缝制。

4. 锦纶缝纫线

锦纶缝纫线的主要品种是锦纶长丝缝纫线，它通常是将 10～29tex 的锦纶长丝纱以双股或三股捻合，制成股线。锦纶长丝缝纫线坚牢耐磨，强度高而伸长大，质地较轻，但不耐光，主要用作化纤服装的缝纫线。

锦纶单孔丝是一种具有较好柔韧性的透明材料，用它作透明缝韧线是比较适宜的，其主要品种是锦纶 6 或锦纶 66 单孔丝。使用透明缝线可解决缝纫线与面料的配色问题，可以简化操作，因为透明缝纫线的线迹不十分明显，但锦纶透明缝纫线因加入了柔软剂和透明剂，故其耐热性较差，不宜作高温定型。

5. 涤/棉缝纫线

涤/棉缝纫线的主要品种是涤/棉混纺缝纫线，一般用 65% 涤纶与 35% 优质棉纤维混纺，制成 8.5～13tex 的单纱；另一个品种是涤/棉包芯缝纫线，它一般用 60%～70% 的涤纶长丝纱作为芯纱，再用 30%～40% 的棉纤维包覆在芯纱外面，制成 12～15tex 的双股或三股线。

涤/棉混纺缝纫线的强度和耐磨性较好，缩水率较低，能够改善全涤纶缝纫线不耐高热的缺陷，线迹也较为平整，适宜缝制各类服装。涤/棉包芯缝纫线的芯纱用的是涤纶长丝纱，可以提供较高的强度和弹性，而外层的棉纤维则可提高缝纫线对针眼摩擦产生的高热及服装加工中热定型温度的耐受能力，适用于高速缝纫。

6. 腈纶和维纶的缝纫线

腈纶和维纶的缝纫线，使用并不十分广泛。腈纶缝纫线一般用于做装饰缝线和绣花线，耐光性好和染色性好是其主要优点。维纶缝纫线主要用来缝制厚实的帆布、家具布，因维纶缝纫线的湿热收缩率很大，故不宜作喷水熨烫。

（二）按缝纫线的卷装形式分

1. 木芯线（木纱团）

木芯线也称"轴线"，这是一种较为传统的手工缝纫线和家用缝纫机用线的卷装形式，其卷绕长度较短（一般只是 200 ~ 500m），木芯的上下有边盘，可以防止缝线脱散，目前，木芯已多被纸芯和塑料芯所替代。

2. 纤子线（纸管线）

这种卷装形式是把缝线均匀卷绕在直筒形的纸管上面，其长度可以在 200m 以内，也有 500 ~ 1 000m 的，主要也是用在家用缝线和手工缝线等用线较少的场合。

3. 锥形管缝纫线（宝塔线）

这种卷装方式是把缝线卷绕在锥形纱管上面，其卷装容量很大，一般为 3 000 ~ 20 000m 及以上，且退绕十分方便，适宜做高速缝纫线，在工业化服装生产中被普遍采用。

4. 梯形一面坡宝塔管线

这种卷装形式是把缝线卷绕在一面坡宝塔管上面，采用一面坡宝塔管的主要目的是为了防止涤纶长丝等光滑缝线的脱落滑边等问题，卷装质量好，能适应高速缝纫的需要，其卷装容量更大，一般在 20 000m 以上。

5. 使用其他卷装形式的缝纫线

除上述几种卷装形式之外，缝纫线还可以采用绞装线、球装线、纸板线等不同的卷装形式，可供手工缝纫、家用缝纫和工业缝纫等不同用户使用。

二、缝纫线的选用

1. 种类的选择

不同质地面料的缝制，要选用相适应的缝纫线，以使强度和缩水率等性能指标基本一致。如真丝面料等高级服装要选用蚕丝线；棉织物、纯化纤织物服装宜用同质地的缝纫线；纯棉薄织物的服装应选择棉线，较厚棉织物或混纺织物的服装选择涤纶线。

针织面料与梭织面料应选择伸缩性和弹性好的缝纫线。涤纶短纤维线在针织物缝纫方面是牢度最好的缝线。缝纫针织品应用涤纶线或锦纶线作面线，用合成纤维强力线作底线。

2. 规格的选择

各种服装鞋帽的缝制质量要求各异。缝纫线的粗细和合股数应根据织物材料的纱支、密度、厚薄和重量的不同而定。缝纫线的单线强力要大于织物单根纱线（或丝线）的强力要求，故线的细度应大于织物中单根纱或线的细度或与之相仿。缝线的细度与织物的外观要相适应。还要根据缝制品的明线、锁边、锁眼、钉扣等部位的不同要求，以及织物结构和接缝结构的变化来综合考虑。

3. 断裂强度的选择

缝纫线的使用寿命、可靠性和安全性必须高于衣物本身，同时，须适应现代高速缝纫机的需求。

4. 捻向和捻度的选择

加捻的作用是为了提高缝纫线的强度。如捻度太小，将出现断线现象；捻度太大，就会产生缝线在形成线环的过程中，梭尖勾不住线环而引起跳针的故障，还会使缝纫线在缝纫过程中产生绞结现象，而影响缝纫机正常供线，造成线迹不良和断线等故障。作为面线，无论是"Z"捻还是"S"捻，其捻度均不能太大，否则将减小面线线环的强度，增加其线环对机针中心的斜度，这样缝线线环的稳定性就差，容易产生跳针。

5. 颜色和色牢度的选择

在选择缝纫线的颜色时，要反复察看所选用的缝纫线在织物样品上缝制的情况，而不要将缝纫线的线管放在织物表面比较颜色，更不能举着缝纫线管与织物对比一次即选定颜色。缝纫线颜色宜比织物深 0.5~1 级。

第二章　领子缝制

第一节　立　领

一、男式衬衫领

男式衬衫领如图 2-1 所示。

图 2-1　男式衬衫领

（一）缝制准备

(1) 如图 2-2 所示，做对位记号。领座面长度增加 0.2~0.3cm。

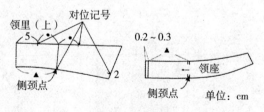

图 2-2　对位记号

（2）如图 2-3 所示，领面画切开线，底边线不动，外领口线在切开线处分别展开 0.1~0.3cm，其大小与面料的厚薄有关，薄型取值小一些，反之则取大一些。

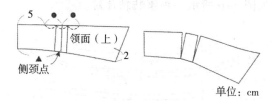

图 2-3　展开外领口

（3）如图 2-4 所示，上领底边线向下移动 0.2cm，画顺领线。做好领座里的对位记号。

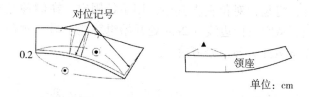

图 2-4　画顺领线

（二）缝制步骤

（1）如图 2-5 所示，领边四周分别加 1cm 的缝头，分别在领面和领里的反面粘贴上黏合衬，领面与领里正面叠合，用大头针按领角对位记号固定领角吃量。按对位记号缉缝领面与领里。

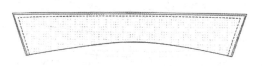

图 2-5　缝合领面和领里

（2）扣烫领里缝头，距离缝线 0.3cm 剪去领角，将领里缝头剪去一半，将领子翻到正面，熨烫，领里不反吐，领角略向领里窝进。在领面上缉明线。

（3）如图 2-6 所示，领座贴黏合衬。

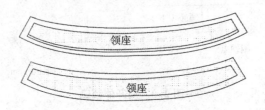

图 2-6　领座贴黏合衬

（4）如图 2-7 所示，扣烫领座面的缝头，将领座面与里正面叠合，将翻领对位夹在其中，用手针固定，在侧颈点部位吃领座面，从距离折边线 0.2cm 处开始缉缝缝至另一侧距离折边线 0.2cm 处止，然后修剪缝头。

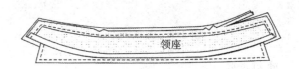

图 2-7　缝合领面与领座

（5）如图 2-8 所示，翻转领座，熨烫，缉 0.2～0.3cm 的明线。

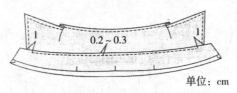

单位：cm

图 2-8　缉明线

（6）如图 2-9 所示，将领座里与衣身正面相对叠合，绱领子。

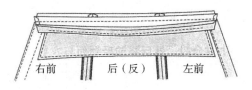

图 2-9　绱领子

（7）如图 2-10 所示，将缝头推向领座，扣平领座面。

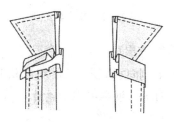

图 2-10　处理领座

（8）如图 2-11 所示，在领座面上缉 0.1~0.2cm 的明线。

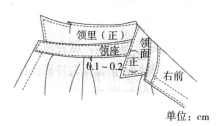

图 2-11　缉领座明线

二、方头单立领

方头单立领如图 2-12 所示。

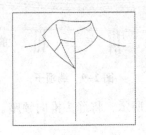

图 2-12　方头单立领

（一）缝制准备

如图 2-13 所示，将前后领里长度减短 0.1~0.3cm，其值的大小与面料的厚薄有关，薄型取值小一些，反之则取大一些。

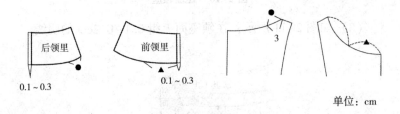

单位：cm

图 2-13　配领里

（二）缝制步骤

（1）如图 2-14 所示，领里、领面边四周分别加 1cm 的缝头，分别在领面和领里的反面粘贴上黏合衬，然后将前后领面与衣身正面叠合，缉缝。

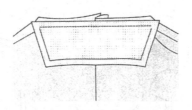

图 2-14　领面与衣身缝合

（2）如图 2-15 所示，打剪口、分烫缝头。

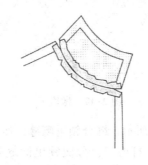

图 2-15　打剪口、分烫缝头

（3）如图 2-16 所示，缝合肩缝和领侧缝。

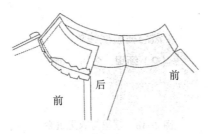

图 2-16　缝合肩缝和领侧缝

（4）如图 2-17 所示，做里子。卷前后里子下边沿，缝合挂面与前里，缝合里子后背缝和里子肩缝。

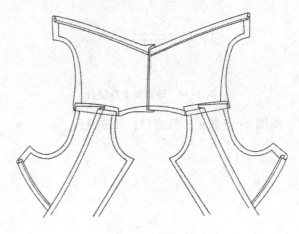

图 2-17 做里子

（5）如图 2-18 所示，缝合领里侧缝，然后将领里与衣里正面相对叠合，缉缝，打剪口，分烫领里侧缝和前领里与挂面的缝头，将后领里缝头倒向衣里。

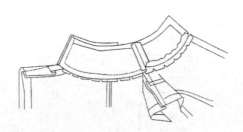

图 2-18 领里与衣里缝合

（6）如图 2-19 所示，缝合衣身与挂面以及领子面与里。将领里缝头修剪掉一半，领角缝头修剪为 0.3cm。

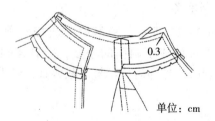

单位：cm

图 2-19　缝合领子面与里

（7）如图 2-20 所示，将领子翻到正面，熨烫，领里不反吐，然后缉缝明线。

图 2-20　缉缝整理

三、旗袍领

旗袍领如图 2-21 所示。

图 2-21　旗袍领

（一）缝制准备

（1）如图 2-22 所示，领里后中线按裁剪图上的净样短
0.2cm，这 0.2cm 就成了领面的松量，然后在领底线重新定出
SNP 点（侧颈点），作为对位记号。裁剪时，缝头均为 1cm。

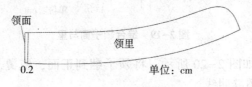

图 2-22　配领里

（2）领里、领面、挂面烫贴薄黏合衬。

（二）缝制步骤

（1）如图 2-23 所示，领面与领里正面相对叠合缉缝，在圆
角处略吃领面。

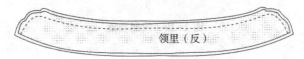

图 2-23　缝合领面与领里

（2）将缝头扣烫到领面，然后修剪缝头到 0.5cm，领角的
圆弧处修剪缝头留 0.2~0.3cm。

（3）如图 2-24 所示，将领子翻转到正面，用熨斗熨烫整理
成型，领里不反吐，里外匀量为 0.1cm。

图 2-24　领子整理

（4）如图 2-25 所示，领面的正面与衣身的正面相对，领里的正面与挂面和后领贴边正面相对，注意对正装领止点、侧颈点和颈后中点。粗缝固定，缉缝。

图 2-25 绱领子

（5）缝合搭门。

（6）如图 2-26 所示，在领口弧线处打斜线剪口，然后用熨斗分烫缝头。

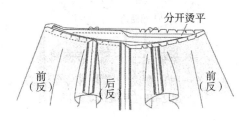

图 2-26 打剪口、分烫缝头

（7）如图 2-27 所示，将衣身和贴边领口弧线用手针固定到一起，注意领子的平整。

图 2-27 固定缝头

（8）如图 2-28 所示，将领子翻转到正面，熨烫整理，可以缉装饰线，也可以不缉线。

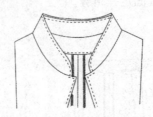

图 2-28　整理领子

（9）如图 2-29 所示，最后把领贴边分别与衣片的肩缝、后背中线用手缝固定。

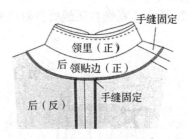

图 2-29　手缝固定贴边

四、连立领

连立领如图 2-30 所示。

图 2-30　连立领

（一）缝制准备

将前后衣片、挂面和后领里粘贴上黏合衬。

（二）缝制步骤

（1）如图 2-31 所示，缉缝前后领省，然后合肩缝。

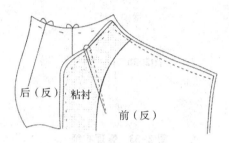

后（反）　粘衬

前（反）

图 2-31　缝省道和肩缝

（2）如图 2-32 所示，将挂面和后领里缝合到一起。

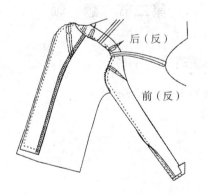

后（反）

前（反）

图 2-32　挂面、后领贴边与衣身缝合

（3）将衣片与挂面和后领里正面相对，衣片的净缝外 0.1cm 与挂面和后领里净缝内 0.1cm 叠合，用大头针或者手针粗缝固定，然后缉缝。

（4）将缝头扣烫到衣身，然后将挂面的缝头修剪到 0.5cm，领角的圆弧处修剪缝头留 0.2~0.3cm。

（5）如图 2-33 所示，将领子翻转到正面，用熨斗熨烫整理成型，挂面与领里不反吐，里外匀量为 0.1cm。

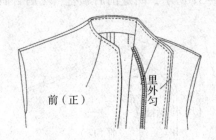

图 2-33　整理衣领

（6）缉缝明线。

第二节　翻　领

一、平领小翻领

平领小翻领如图 2-34 所示。

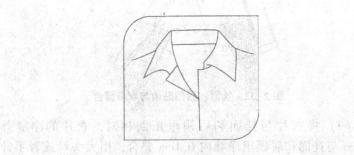

图 2-34　平领小翻领

（一）缝制准备

（1）如图 2-35 所示，做对位记号。

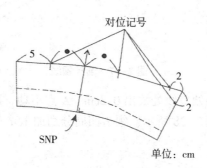

图 2-35 做对位记号

（2）如图 2-36 所示，领面画切开线，沿切开线剪开，翻折线不动，外领口线处在切开线出分别展开 0.1~0.3cm，其值的大小与面料的厚薄有关，薄型取值小一些，反之则取大一些。底领线处交叉。

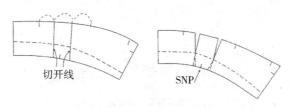

图 2-36 展开外领口线

（3）如图 2-37 所示，剪开翻折线，平行拉开 0.3~0.7cm，其取值大小与面料的厚薄有关，薄型取值小一些，反之则取大一些。

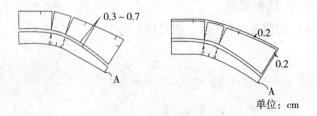

单位：cm

图 2-37　画顺领线

（4）在外领口线处放出 0.2cm，A 点不动，画顺外领口线。

（5）如图 2-38 所示，领边四周分别加 1cm 的缝头。

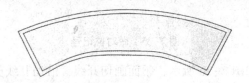

图 2-38　加放缝头

（6）如图 2-39 所示，分别在领面和领里的反面粘贴上黏合衬，领面与领里正面叠合，用大头针按领角对位记号固定领角吃量。

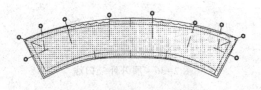

图 2-39　固定领面和领里

（二）缝制步骤

（1）如图 2-40 所示，按对位记号缉缝领面与领里。

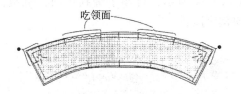

图 2-40 缝合领面和领里

（2）如图 2-41 所示，扣烫领里缝头。

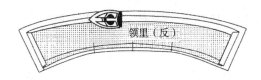

图 2-41 扣烫领里缝头

（3）如图 2-42 所示，距离缝线 0.3cm 剪去领角，将领里缝头修去一半。

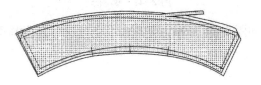

图 2-42 修剪缝头

（4）如图 2-43 所示，将领面的领底线缝头剪开，折烫。

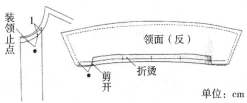

图 2-43 折烫领底线缝头

（5）如图 2-44 所示，将领子翻到正面，熨烫，领里不反吐，领角略向领里窝进。

图 2-44　熨烫整理领子

（6）如图 2-45 所示，领子与领口相对缝合。

图 2-45　绱领子

（7）如图 2-46 所示，将挂面沿止口线对折，缉缝。

图 2-46　缉缝挂面

（8）如图 2-47 所示，在领面扣折点处，挂面、领里、衣身缝头一起打剪口，然后将挂面翻到正面，缉缝领面领底线，熨烫整理。

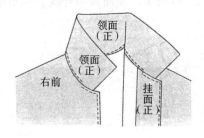

图 2-47 熨烫整理

二、有底座圆头小翻领

有底座圆头小翻领如图 2-48 所示。

图 2-48 有底座圆头小翻领

（一）缝制准备

（1）如图 2-49 所示，做对位记号。

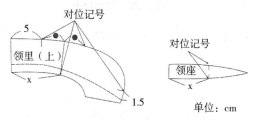

图 2-49 做对位记号

（2）如图 2-50 所示，领面画切开线，领座里长度比面减短 0.2~0.3cm。

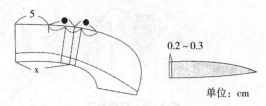

图 2-50　画切开线、配领座里

（3）如图 2-51（a）所示，沿切开线剪开，翻折线不动，外领口线在切开线处分别展开 0.1~0.3cm，其取值大小与面料的厚薄有关，薄型面料取值小一些，反之则取值大一些。底领线处交叉。

（4）如图 2-51（b）所示剪开翻折线，平行拉开 0.3~0.7cm，其取值大小与面料的厚薄有关，薄型取值小一些，反之则取值大一些。

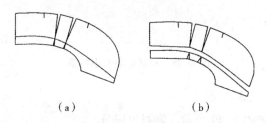

（a）　　　　　　　　　　（b）

图 2-51　领面展开

（5）如图 2-52 所示，画顺外领口线。

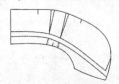

图 2-52　画顺外领口线

（6）领子四周分别加 1cm 的缝头，分别在领面和领里的翻领与领座的反面粘贴上黏合衬。

（二）缝制步骤

（1）如图 2-53 所示，分别将领面和领里的翻领与领座缝合，将缝头修剪为 0.5cm，分烫缝头，然后缉 0.2cm 明线压住缝头。

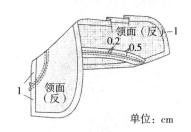

领面（反）—1

0.2　0.5

1—领面（反）

单位：cm

图 2-53　缝合翻领与领座

（2）如图 2-54 所示，领面与领里正面叠合，按对位记号缉缝领面与领里。

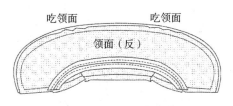

吃领面　　　　吃领面

领面（反）

图 2-54　缝合领面与领里

（3）分烫缝头，将领里缝头修剪到 0.5cm，在圆角处将领面的缝头也修剪到 0.5cm。

（4）将领子翻到正面，熨烫领子外边沿线，领里不反吐，领角略向领里窝进。

（5）将领子翻成成型状态，检查领子状态，然后粗缝固定领面与领里。

（6）用手针或漏落缝沿领座与翻领的分割缝将领面与领里固定到一起。

（7）将领里与衣身正面相对叠合，缀领子。

（8）将挂面沿止口线对折，领线中部加斜条，缉缝，打剪口。

（9）将挂面翻到正面，将斜条固定，用手针将挂面与衣身肩缝缝头固定，熨烫整理（图2-55）。

图2-55　熨烫整理

第三章 袖子缝制

第一节 无袖袖窿型

一、加贴边型

加贴边型袖窿如图 3-1 所示。

图 3-1 加贴边型袖窿

（一）缝制准备

如图 3-2 所示，剪宽为 2.4cm 的 45°斜纱方向滚条，扣烫成
1.2cm 宽。

图 3-2 扣烫滚条

（二）缝制步骤

（1）如图 3-3 所示，先缝合右肩缝，然后将滚条烫成领窝弧线和袖窿弧线的形状。将滚条的正面与领窝弧线和右袖窿弧线分别正面相对叠合，用手针粗缝固定，或者用大头针对位固定，然后缉缝。

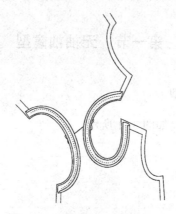

图 3-3　缉缝领口、右袖窿滚条

（2）如图 3-4 所示，缝合左肩缝，再将滚条的正面与左袖窿弧线正面相对叠合，用手针粗缝固定，或者用大头针对位固定，然后缉缝，修剪缝头，在缝头上打剪口，注意不要剪到缝线。

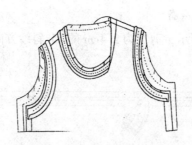

图 3-4　缉缝左袖窿滚条

（3）如图 3-5 所示，缝合衣身和滚条侧缝，将领窝弧线和袖窿弧线缝头扣向衣身，将滚条翻转到衣身的反面，里外匀为 0.1cm。在衣身外在领口和袖窿处缉 0.5cm 的装饰明线固定滚条，然后熨烫整理。

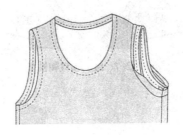

图 3-5 缉明线

二、领圈与袖窿贴边连裁型

领圈与袖窿贴边连裁型袖窿如图 3-6 所示。

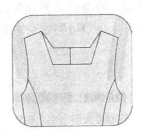

图 3-6 领圈与袖窿贴边连裁型袖窿

（一）缝制准备

裁剪前、后领贴边，并贴上黏合衬。

（二）缝制步骤

（1）将前后贴边粘上黏合衬，将衣片后背缝、侧缝和刀背缝分别进行包缝，贴边下边沿和侧缝进行包缝。缝合衣片前后刀背缝，然后分别缝合衣片和贴边肩缝，并分烫。

（2）如图3-7所示，将贴边与衣片正面相对叠合，然后分别缉缝领窝线和袖窿弧线。

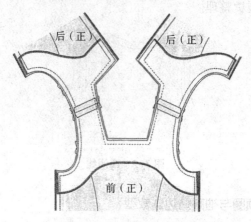

图3-7　缝合领口和袖窿

（3）如图3-8所示，修剪缝头并在弧线和领窝线拐角处打剪口。分别将左右后衣片从贴边与衣身中穿过，将贴边翻到衣片的反面。

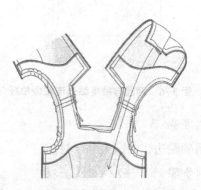

图3-8　打剪口翻衣身

（4）如图 3-9 所示，缝合衣身和贴边侧缝，并分烫。整理领线和袖窿弧线，将贴边与侧缝用手针缲缝固定到侧缝的缝头上。后中缝装普通拉链或隐形拉链。

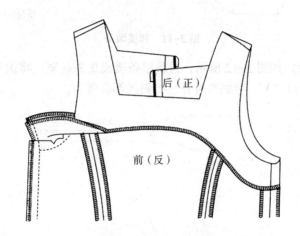

图 3-9　缝合侧缝、整理领线和袖窿弧线

三、窄斜条贴边方角型

窄斜条贴边方角型袖窿如图 3-10 所示。

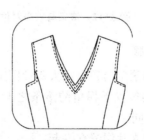

图 3-10　窄斜条贴边方角型袖窿

（一）缝制准备

（1）如图 3-11 所示，对折扣烫领口及袖窿滚条。

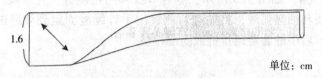

单位：cm

图 3-11　扣烫滚条

（2）如图 3-12 所示，再将滚条烫成 0.7cm 宽，将滚条拐角处与领口"V"字底端对齐，将斜线部分剪去。

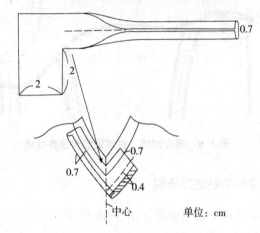

单位：cm

图 3-12　滚条与衣身对位

（二）缝制步骤

（1）将拐角的滚条与领口用大头针固定，同时，扣折缝头。

（2）将另一滚条置于拐角的滚条之上，用大头针固定。前后领口处理方法相同。

（3）将领口与衣片缉缝在一起。

（4）将袖窿滚条与衣身袖窿正面相对，缉缝，如果袖窿是拐角型，在拐角处将滚条折叠，这样袖窿容易平整。

（5）熨烫缝道线，将缝头扣向衣身方向，在拐角处打剪口，然后将领口和袖窿滚条翻到反面，缉缝明线，固定滚条，合侧缝。

第二节　装　袖

一、一片袖

一片袖如图 3-13 所示。

图 3-13　一片袖

（一）缝制准备

如图 3-14 所示，衣身加放缝头，并包缝前后肩线和侧缝线。

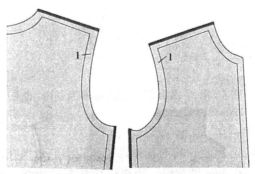

单位：cm

图 3-14　包缝衣身肩缝和侧缝

（二）缝制步骤

（1）包缝袖底缝线，沿净线扣烫袖口折边，再扣烫 0.5cm，并绲缝。

（2）缝合衣身肩缝，分烫，比对袖山弧线和袖窿弧线，分别对齐，袖山点与肩端点对齐。

（3）将袖山与袖窿弧线正面相对叠合绲缝和包缝。

（4）将袖子翻到正面缝头倒向衣身，然后在衣身袖窿上绲 0.1~0.2cm 的明线，用熨斗熨烫平整。

（5）将前后袖底缝和衣身前后侧缝正面相对叠合，绲缝。

（6）将袖口折边倒向一边，缝合，然后将袖口折边按净线折好，缝合袖口。

二、单层加垫肩的一片长袖

单层加垫肩的一片长袖如图 3-15 所示。

图 3-15 单层加垫肩的一片长袖

（一）缝制准备

如图 3-16 所示，将防止袖窿拉伸变形的牵条在距离袖窿裁片边缘 0.1~0.2cm 处放置，距离边缘 0.5cm 绲线，袖窿上段距肩 4~5cm 内无吃量平绲，向下牵条拉紧。

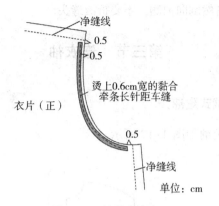

图 3-16　拉袖窿牵条

（二）缝制步骤

（1）分别在袖山净线外侧 0.2 及 0.3cm 处拱针，抽缝线，使袖山弧线长与袖窿弧线长度相等。

（2）用熨烫整理袖山归缩量，归缩量一次性不能整理得很均匀的话，可以分几次抽拉缝线，一边做袖山形状一边用熨斗的头部轻轻将皱纹消去，使袖山自然形成立体状。

（3）将袖山与袖窿弧线对位，为使袖子和衣片不错位，进行粗缝固定，起针处要回针，粗缝完成后将其翻到正面，检查袖子扭偏的情况及装袖线和归缩等状态。

（4）在粗缝线外侧从袖侧在袖底缝处开始缉缝，距离侧缝线 6~8cm 处缉缝两道线。

（5）为使上衣的袖窿美观，缝制时要加上袖山垫布，若是薄面料（不易缩缝的面料），就要采用与衣片相同的面料斜丝对折，用熨斗烫成与袖窿接近的形状。如果是厚面料（如毛料等较易缩缝的面料），可使用纱布铺一层薄棉即可。

（6）把袖山垫布假缝固定在袖山头。

（7）将袖山袖窿缝头合二为一进行包缝。将装袖线缝道熨烫平服，缝头自然倒向袖侧，不要折烫缝头。

第三节　连衣袖

一、连裁式短袖

连裁式短袖如图 3-17 所示。

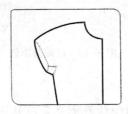

图 3-17　连裁式短袖

（一）缝制准备

结构制图如图 3-18 所示。缝头加放如图 3-19 所示。

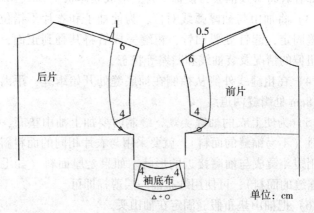

图 3-18　结构图

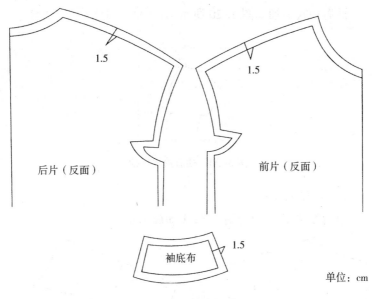

后片（反面）　　　　　　前片（反面）

袖底布　　1.5

单位：cm

图 3-19　缝头加放

（二）缝制步骤

（1）缝合前、后衣片的侧缝线，分缝烫平。在袖窿拐角处放一块垫布，使垫布的正面与衣片的正面相对，车缝拐角，打剪口，将垫布向里翻折并同时扣折 1cm 的缝头。

（2）将袖底布的正面朝上，对齐袖窿和袖口，缉 0.1 ~ 0.2cm 明线，然后包缝。

（3）缝合前、后衣片的肩线，分缝烫平。在袖口上缝一条 45°斜条，扣烫缝头，弧度较大处打剪口，用手针将斜条缲缝固定到衣身上。

二、插肩袖式短袖

插肩袖式短袖如图 3-20 所示。

图 3-20　插肩袖式短袖

（一）缝制准备

结构图如图 3-21 所示。缝头加放 1cm。

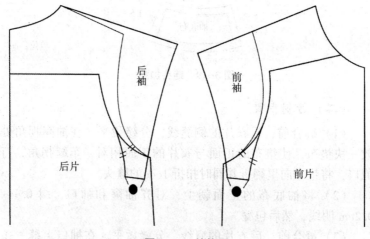

图 3-21　结构图

（二）缝制步骤

（1）如图 3-22 所示，在拐角处缝垫布，包缝前后肩缝，缉缝并分烫缝头。

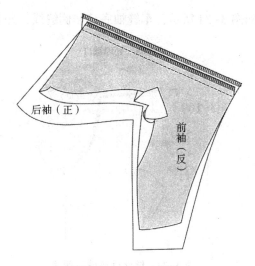

图 3-22 缝合肩缝

（2）如图 3-23 所示，将前、后袖片与前、后衣片缝合，并将双层缝头一起包缝。

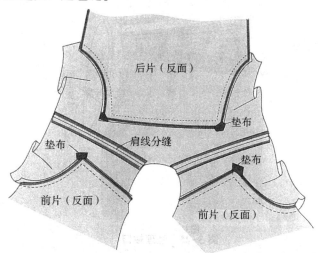

图 3-23 缝合前、后袖片与前、后衣片

（3）如图 3-24 所示，车缝袖底缝和侧缝线，并分缝烫平。

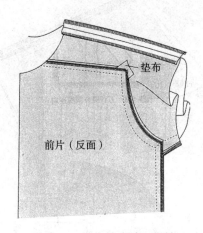

图 3-24　缝合袖底缝和侧缝

（4）如图 3-25 所示，在袖口上缝一条 45°斜条，扣烫缝头，弧度较大处打剪口，用手针将斜条缲缝固定到衣身上。

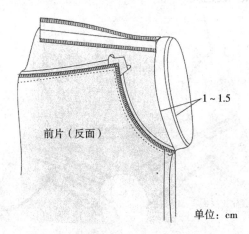

单位：cm

图 3-25　处理袖口

第四章　袖口缝制

第一节　筒状袖头

筒状袖头如图 4-1 所示。

图 4-1　筒状袖头

一、缝制准备

如图 4-2 所示，配袖头。

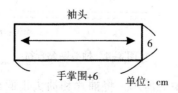

图 4-2　配袖头

二、缝制步骤

（1）如图 4-3 所示，袖底缝头用包缝机包缝。袖口用拱针平缝后抽碎褶，距两端缝 2cm 左右没有褶。袖口的缝头理顺用熨斗烫好，以使碎裙平顺。

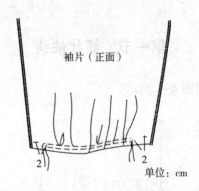

图 4-3　袖口拱针抽碎褶

（2）如图 4-4 所示，袖头面和袖头里连在一起裁剪，在反面粘贴上黏合衬。

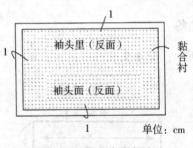

图 4-4　袖头贴黏合衬

（3）如图 4-5 所示，将袖片和袖头正面相对全耳缝，缝头倒向袖头一侧。

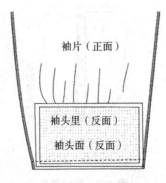

图 4-5　袖头与衣袖缝合

（4）如图 4-6 所示，将袖子的袖底缝与袖头一并缝合，劈缝熨烫。

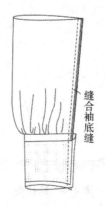

图 4-6　缝合袖底缝

（5）如图 4-7 所示，按照完成线扣折袖头缝份，将袖头里的缝头缘缝固定。

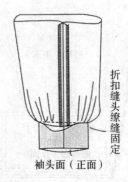

折扣缝头缭缝固定

袖头面（正面）

图 4-7　整理袖头

第二节　翻袖头

翻袖头如图 4-8 所示。

图 4-8　翻袖头

一、缝制准备

（1）如图 4-9 所示，配袖头。

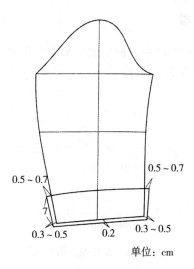

图4-9　袖头的配法

（2）如图4-10所示，裁剪袖头。袖头里不论是使用与面料相同的布，还是使用里料，袖口处不加放缝头，在袖头面的反面粘贴黏合衬。

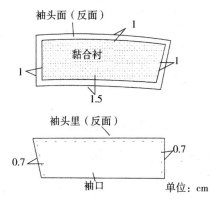

图4-10　裁剪缝头

二、缝制步骤

（1）如图 4-11 所示，袖头面、袖头里正面相对，有缝头的一端对齐，缉缝 0.7cm 左右。

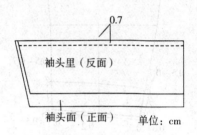

图 4-11　缝合袖头面与里

（2）如图 4-12 所示，翻至正面，袖头里不要反吐，把袖头面的袖口按照完成线折好。

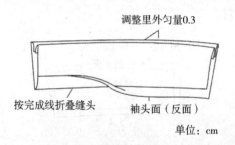

图 4-12　整理袖头

（3）如图 4-13 所示，打开袖头，再一次正面相对，缝合袖底缝，缝头劈开。

图4-13　缝合袖底缝

（4）如图4-14所示，按照净缝线的形状整理袖头，在上端从袖头正面一侧缉明线，袖口处将袖头面的缝头用三角针固定在袖头里上。

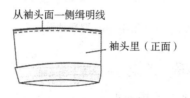

图4-14　缉明线

（5）如图4-15所示，在完成的袖口上，把袖头吐出0.2cm，用线缭缝，在袖头上端用0.5cm长度的线襻儿1~2个固定在袖子上。

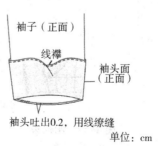

图4-15　操缝袖头与袖子

第三节　双层袖头

双层袖头如图 4-16 所示。

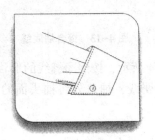

图 4-16　双层袖头

一、缝制准备

如图 4-17 所示，配袖头。

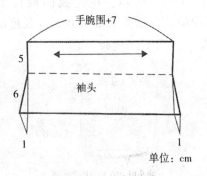

图 4-17　配袖头

如图 4-18 所示，将袖头面和袖头里在反面粘贴上黏合衬。

图 4-18　贴袖头黏合衬

二、缝制步骤

（1）如图 4-19 所示，袖头面、袖头里正面相对，袖头面向里错进 0.2cm，沿周围缉缝。

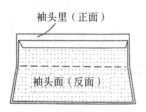

图 4-19　缝合袖头面与里

（2）如图 4-20 所示，翻至正面整理后，将袖头面缉在袖口上。

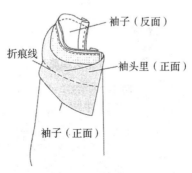

图 4-20　绱袖头

（3）如图 4-21 所示，袖头缝头剪成 0.5cm，将袖头一侧的缝头折回去，在袖头的周围缉明线、锁扣眼。

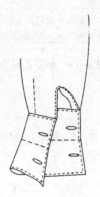

图 4-21　缉明线

（4）如图 4-22 所示，在两个纽扣之间缝线柱制成鼓形纽扣。

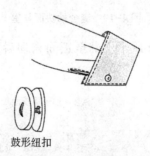

鼓形纽扣

图 4-22　钉扣

第五章　开口缝制

第一节　门　襟

门襟作为服装结构中的一个重要组成部分，它的发展和变化对于整体的服装款式有着重要的意义。在古代，由于特定的时代背景，门襟形式的变化更多受到当时社会因素的影响。现代的门襟是在满足开合要求的基础上，追求装饰性的效果。

一、门襟的分类与功能

门襟是服装造型布局的重要分割线，也是服装局部造型的重要组成部分。它和衣领、纽扣或搭襻互相衬托，和谐地表现出服装的整体美。门襟还有改变领口和领型的功能，由于开口方式不同，能实现圆领变尖领、立领变翻领的效果。

门襟的设计，以穿脱方便、布局合理、美观舒适为原则。其造型要注意门襟、领口、衣袖的互相呼应。

注意服装造型风格协调一致。

门襟是由衣领以下直至下摆的服装开合处所构成，其种类大致包括大襟、对襟、一字襟、双襟、琵琶襟等。

（一）门襟的位置

门襟在服装中的位置，有前后、正偏之分，通常需要与服装整体风格相协调。

门襟通常设计在前中线上，形成对称、朴素的美感，同时，也为其他部位的设计打下基础，在西装、制服、便装设计中普遍采用。

偏门襟设计则具有较强的动感，它以流畅的线条和多种位置的形态变化体现出极高的艺术欣赏价值，在中国传统服饰中占有重要地位。

背式门襟是一种反常规设计，多出于功能性设计考虑，如工作服、围裙等，显得宽松随意。有时是为了保持前身图案的完整连续而隐藏开口至后中；有时也是出于猎奇心理考虑，将本属于前身的装饰设置在后身，如同反穿服装，别具一格。

（二）门襟的方向

门襟多作垂直方向的分割，使服装宽度比例减小，且长度有上下延伸之感。

斜向的门襟有指向和引导作用，常与一些特殊的领型或下摆相结合，给人积极活泼的感觉，多用于女装、牛仔、夹克等服装设计中。中国传统服饰的斜门襟设计正是起到了减弱平稳、顺直的呆板之感，具有和谐的艺术感。

（三）门襟的形状

门襟的形状对服装风格产生一定的影响。直线具有锐利、简洁、庄重之感，常用在庄重、沉稳的服装设计中。折线具有强烈的动感，给人冲突、不平衡的心理感受，常用于时装设计中。曲线含有幽默、丰满、轻盈的韵味，常用在轻松、活泼、自由的服装设计中。在礼服和部分男装设计中，曲线形门襟则表现出高雅、华丽、古典和浪漫的气息。

二、门襟结构设计

（一）大襟结构设计

大襟包括右衽与左衽。其中，右衽是指衣衽右掩，纽扣偏在一侧，从左到右盖住底襟，多用于汉族服装；左衽是指衣襟由右向左掩，此种形式在北方游牧民族的服饰中比较常见。图5-1所示为大襟左衽款式图、纸样及其裁片。

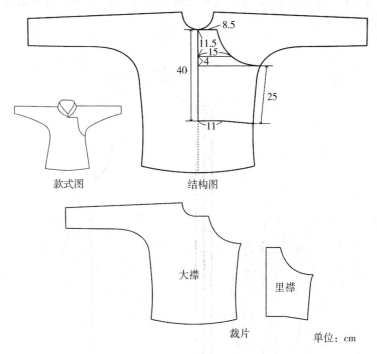

款式图　　　　　结构图

大襟　　　里襟

裁片　　　单位：cm

图5-1　大襟左衽款式图、结构图和裁片

（二）对襟结构设计

1. 全开襟

全开襟是服装最常见的开襟方式，在服装前中线位置从上至下开襟。根据门襟位置左右系连方式，分为对襟（一般用拉链、中式盘扣、线绳等系连）和搭襟（往往以扣子系连）。搭襟需要增加搭门量，根据服装款式、纽扣大小、单/双排扣等，搭门量一般设置在 1.5~8cm 不等。

　　搭襟又有明门襟和暗门襟之分，其中，明门襟在前中线门襟处单独设一片裁片，与衣身缝合并缉明线，如图 5-2 所示的男衬衫。暗门襟的搭门则与衣身前片相连，如图 5-3 所示的女衬衫。

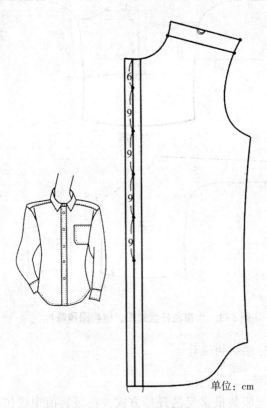

单位：cm

图 5-2　明门襟

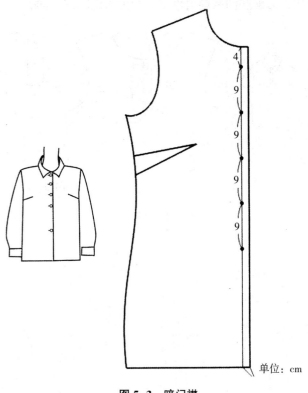

单位：cm

图 5-3　暗门襟

2. 半开襟

半开襟指在服装开合处部分剪开、部分相连的结构，一般设在服装前中或后中位置。常见于男 T 恤、休闲女装及童装产品中，如图 5-4 所示的男 T 恤。

另外，半开襟的门襟位置也可以在后背、肩部、肋部等。

背式门襟：虽然这种门襟增加了实用的难度，但因它符合现代简洁的设计思想，所以成为现代服装中常见的门襟形式，如图 5-5（a）。此外，背式门襟使前胸更加适用于其他装饰手段的应用，为前胸的装饰提供了一个更为广阔的空间。

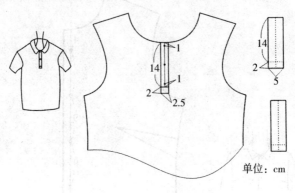

单位：cm

图5-4 半开襟

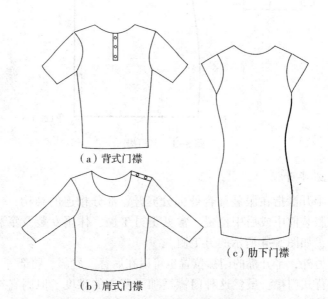

（a）背式门襟

（b）肩式门襟

（c）肋下门襟

图5-5 半开襟的其他形式

肩式门襟：既满足了方便实用的设计要求，同时也为胸前的美化留下了余地，如图 5-5 （b）。其肩部门襟的工艺与扣饰，也令备受人们重视的肩部成了设计的重点和视觉的中心。

肋下门襟：隐藏的开合方式，主要是满足了现代女性对于身体曲线感的美化要求，紧收的腰部曲线在隐式拉链的配合下，将现代人的理念深刻地表达出来，如图 5-5 （c）。

（三）一字襟结构设计

一字襟指服饰前片在胸部上方横开，外观呈"一"字形。这种开襟方式常见于清朝至民国时期的坎肩上。图 5-6 为一字襟坎肩的款式图与结构处理。

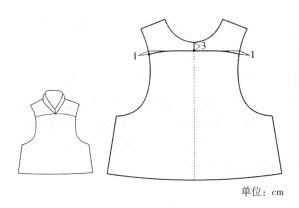

单位：cm

图 5-6 字襟款式及结构处理

（四）双襟结构设计

双襟是大襟右衽的一种变形，它有两种做法：一种是在前衣片上两边都挖剪开襟，然后把其中一个襟缝合；另一种是并不挖剪，只是用花边等装饰材料做出与大襟右衽相对称的一个假襟。无论哪一种做法，真正起到开合作用的还是右侧门襟，与其对称的假襟往往是因为美观的需要而存在。图 5-7 为双襟旗袍款式图、结构图及裁片。

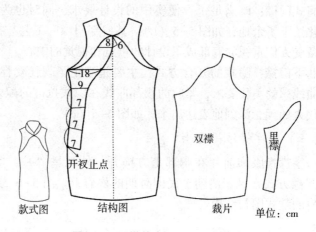

图 5-7 双襟款式图、纸样及裁片

（五）琵琶襟结构设计

琵琶襟是一种短缺的衣襟样式，其制式如大襟右衽，只是在右襟下部被裁缺一截，形成曲襟，转角之处呈方形。琵琶襟流行于清代，起初多用作行装，以便乘骑，故以马褂、马甲采用为多，后来此种实用意义逐渐淡化而转化为装饰的意义。图 5-8 为琵琶襟款式图、结构图及裁片。

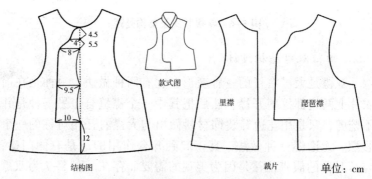

图 5-8 琵琶襟款式图，纸样及裁片

第二节　借缝袖衩制作

开衩是服装的一个重要构成因素，在现代服装中被广泛应用。服装的开衩不外乎有两大功能：第一，便于活动，第二，增强美感。开衩的部位十分讲究做工。工艺欠缺的开衩，无论面料如何昂贵，图案怎么现代，都会给人以低劣之感，从而使所有在款式上花的心思付诸东流。由此可见开衩工艺对于服装整体的重要性。衩的缝制讲究柔和平服，既要考虑结构变化，又要考虑工艺技巧，学习时要注意区分缝制方法，细心观察、灵活运用。

一、外形特点

借后袖缝开衩（图5-9）。

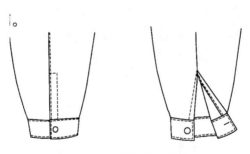

图5-9　借缝袖衩外形

二、机缝前准备

（1）设备用具准备。检查平缝机、引线、机针安装、熨斗等工具准备情况。

（2）服装材料准备。模拟袖片2片。

三、工艺流程

检查裁片→后袖袖衩缉卷边→缉后袖缝→缉袖衩门襟明线→缉袖缝明线、封袖衩→整烫、检验。

四、质量要求

（1）符合开衩的规格要求。

（2）缉线顺直，宽窄一致，无涟形。

（3）袖衩封口牢固不毛出。

五、步骤

（1）检查用料，做衩高标记。

（2）后袖袖衩缉卷边。将后袖袖衩向反面卷边缝 1.4cm，卷边宽比净样线减小 0.1cm（图 5-10）。

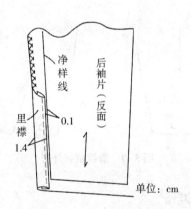

图 5-10　后袖袖衩缉卷边

（3）缉后袖缝。将大小袖片正面相叠，缉线 1.5cm，在袖衩最高处往下 2.5cm 缉倒回针收针（图 5-11）。

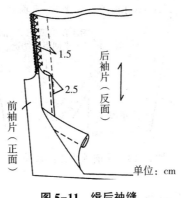

图 5-11　缉后袖缝

（4）缉袖衩门襟明线。在袖衩处缉双明线 0.1cm 和 1.5cm（图 5-12）。

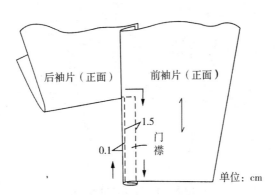

图 5-12　缉袖衩门襟明线

（5）缉前袖衩明线、封袖衩（图 5-13）。

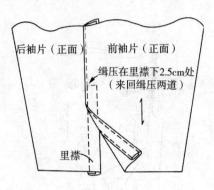

后袖片（正面）　前袖片（正面）

缉压在里襟下2.5cm处
（来回缉压两道）

里襟

图5-13　缉前袖明线、封袖衩

六、女衬衫借缝袖衩制作

衩高：8~9cm。

（1）检查、做标记。

（2）缉衩处缝份。将衩处缝份进行折扣或卷边车缉（图5-14）。

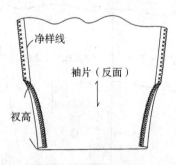

净样线

袖片（反面）

衩高

图5-14　缉衩处缝份

（3）缉袖底缝。将袖片正面相叠对折，1cm缝头，缝合袖底缝（图5-15）。

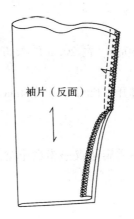

图 5-15 缉袖底缝

第三节 裙开衩制作

一、款式特点

开衩为重叠式，左右重叠（图 5-16）。

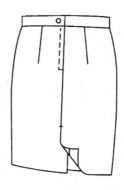

图 5-16 裙开衩外形

二、材料准备

（1）材料。长 30cm、宽 20cm 的长方形布 2 块，模拟左、右后裙片 2 片。

（2）规格。小样开衩长 12cm，宽 4cm。

三、工艺流程

缉左裙片底边→固定裙衩→缉后中缝及裙衩、打剪口→做右裙片衩角→翻烫、校准门里襟。

四、质量要求

（1）外形美观，无线头。

（2）裙衩平整，无搅、无豁。

（3）门里襟长短符合要求，底边顺直。

五、步骤

（1）缉左裙片底边。将左裙片的底边翻至正面，按图示车缝（图 5-17）。

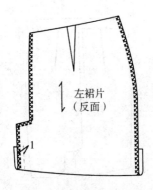

左裙片
（反面）

1

图 5-17　缉左裙片底边

（2）固定裙衩。将缝份翻转，贴边向反面扣烫，然后用三角针固定裙衩（图5-18）。

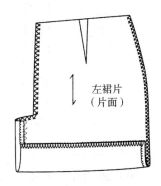

图5-18　固定裙衩

（3）缉后中缝及裙衩、打剪口。按图5-19所示，车缝左右裙片的后中缝及裙衩，在左裙片转折处打剪口（或不打剪口斜烫过去）。

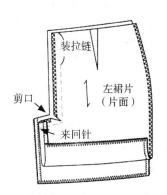

图5-19　缉后中缝及裙衩、打剪口

（4）做右裙片衩角。

①剪门襟开衩。门襟开衩下角处的多余量修剪掉

（图 5-20）。

图 5-20　剪门襟开衩

②缉门襟下角开衩。下角开衩按底边宽和开衩宽正面对折缉合，烫分开缝，修剪缝份 0.5~0.6cm（图 5-21）。

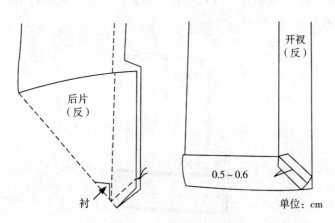

图 5-21　缉门襟下角开衩

（5）翻烫、校准门里襟。翻至正面烫平整，校准门里襟长度，门襟应比里襟长 0.15cm（图 5-22）。

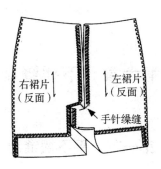

右裙片
（反面）

左裙片
（反面）

手针缲缝

图 5-22 翻烫、校准门里襟

第六章 下摆缝制

第一节 平下摆缝制

一、普通平下摆

普通平下摆适合裙子、衬衫下摆，其制作简洁方便，适用面料较广，从棉布、化纤到毛料均可采用此种方法缝制。款式如图 6-1 所示。

图 6-1 普通平下摆

缝制工序流程、工序设备和缝制要点如下。

1. 工序名称：卷底边

工序要点：根据不同款式的卷边宽度要求，可选择 0.4cm 或 0.8cm 的卷边压脚。

2. 工序名称：底边压线

工序要点：压线的宽度可根据不同款式的要求而定，在反面压线 0.1cm 或 0.2cm 左右。要求宽窄一致，缉线顺直。

二、外贴边平下摆

外贴边平下摆适合上衣和裙子等下摆。一般外贴边可以用其他面料，有毛边的布条、花边等，其制作显得精良、考究，具有装饰功能，适合制作高档服装。款式如图 6-2 所示。

图 6-2　外贴边平下摆

缝制工序流程、工序设备和缝制要点如下。

1. 工序名称：准备外贴边

工序要点：根据服装的款式，选择不同的外贴边，将花边整烫平整。

2. 工序名称：压外贴边上口

工序要点：在外贴边上口压缉 0.1mm 止口线。要求宽窄一致，缉线顺直。

3. 工序名称：修剪

工序要点：将花边与底边缝合的缝份修剪成 0.2 ~ 0.4cm，花边翻到正面不能露出毛缝。

4. 工序名称：正面缝合花边

工序要点：花边翻到正面，压线 0.1cm 止口线，正面不得露出面料，面料部分要坐进 0.1cm。

第二节　圆下摆缝制

一、直接卷边圆下摆

直接卷边圆下摆是利用衣摆的侧缝弯曲来开衩的情形。如弯曲较小时，前后衣片为连在一起的形式，一般采用直接往上折的处理方法，在衬衫中较为常见。款式如图 6-3 所示。

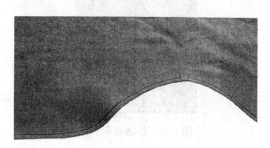

图 6-3　直接卷边圆下摆

缝制工序流程、工序设备和缝制要点如下。

1. 工序名称：卷底边

工序要点：根据不同款式的卷边宽度要求可选择不同规格的卷边压脚，一般宽度在 0.4cm 或 0.8cm。注意在弯曲处要圆顺，同时，也应注意面料的厚薄关系。

2. 工序名称：底边压线

工序要点：压线的宽度可根据不同款式的要求而定，在反面压线 0.1cm 或 0.2cm 左右。注意在弯曲处绲线圆顺，宽窄一致。

3. 工序名称：熨烫

工序要点：用熨斗熨平。注意在弯曲处烫顺圆，不可有污渍。

二、加贴边圆下摆

这种加贴边的圆下摆适用于下摆围较小的情况下，如包裙的下摆，此方法使下摆更圆顺。在衣片上当弯曲较大时，一般采用加上开衩贴边的处理方法。款式如图 6-4 所示。

图 6-4　加贴边圆下摆

缝制工序流程、工序设备和缝制要点如下。

1. 工序名称：校对裁片

工序要点：贴边的长度要与衣片下摆的长度一致，做好刀眼位。贴边的宽度可在 3cm 左右。

2. 工序名称：缝合贴边

工序要点：贴边与下摆正正相对，刀眼位对齐，按 1cm 的缝份缝合。

3. 工序名称：修剪缝份

工序要点：与贴边缝合的下摆进行修剪，圆角处 0.3cm 左右，其他为 0.6cm 左右。

4. 工序名称：熨烫下摆

工序要点：先扣烫缝份，注意圆角处烫圆顺，后翻转贴边，在背面烫平，注意不要出现止口"反吐"现象。

5. 工序名称：底边压线

工序要点：贴边的毛边处向里折进 0.5cm 左右，压线 0.1cm 或 0.2cm 左右。注意缉线均匀且顺直，宽窄一致。

第三节　装饰下摆缝制

一、装饰牛筋下摆

装饰牛筋下摆是在夹克或上衣的衣摆处较为常见的款式，其特点是在衣摆上穿松紧带，如图 6-5 所示。

图 6-5　装饰牛筋下摆

缝制工序流程、工序设备和缝制要点如下。

1. 工序名称：下摆锁边

工序要点：锁边，拉链下端铁头与衣片底边的间距为 5cm 左右。

2. 工序名称：在挂面粘贴上黏合衬

工序要点：为使松紧带的缝合止点牢固，先要贴上"L"形的粘上黏合衬，将多余的缝份剪掉；后放置松紧带，与挂面终端对齐，与衣片底边线平行。

3. 工序名称：衣摆折成完成形态

工序要点：衣摆折成完成形态后，车缝固定松紧带与衣片。

4. 工序名称：穿缝松紧带

工序要点：在车缝时，注意手要拉紧松紧带，以起到收紧的效果。

缝制完成效果：拉伸松紧带，使褶皱更均匀自然。

二、加花边裙下摆

加花边裙下摆是下摆拼接了花边，使裙摆显得活泼、俏丽，其制作方法简洁，适用面料广泛，但要注意不要在裙摆或衣摆褶位使用熨斗。款式如图6-6所示。

图 6-6 加花边裙下摆

缝制工序流程、工序设备和缝制要点如下。

1. 工序名称：做花边

工序要点：先一边卷一边缉 0.5cm 的线，后以半个压脚（0.5cm），在毛边处抽均匀的碎褶完成花边。注意花边长度要与下摆围的长度一致。

2. 工序名称：拼接花边

工序要点：将花边与下摆的止口边正正相对，以 1cm 的缝份与花边合上。

3. 工序名称：锁边

工序要点：对毛缝处进行锁边。

4. 工序名称：压线

工序要点：将反面缝份倒向上端，在裙片正面的拼接处缉 0.1cm 或 0.2cm 的压线。注意缉线均匀顺直。

缝制完成效果：熨烫后缝合缝份朝上，呈现自然褶皱状态。

第七章　成衣缝制

第一节　男衬衫

一、外形图

男式衬衫外形如图 7-1 所示。

图 7-1　男衬衫外形

二、成品规格

男衬衫的成品规格如表 7-1 所示。

表7-1   男衬衫成品规格   单位：cm

衣长	胸围	领大	肩宽	袖长
$ 72	112	40	46	58.5

三、缝制流程

①做缝制标记→②烫门里襟、挂面→③做、装胸贴袋→④装后过肩→⑤缝合肩缝→⑥做领、装领→⑦做袖、做袖克夫→⑧装袖→⑨拷边→⑩缝合摆缝和袖底缝→⑪拷边→⑫装袖克夫→⑬卷底边→⑭锁眼、钉扣→⑮整烫→⑯检验。共有 16 个步骤。

四、缝制工艺

缝制用针：薄料用 $11^{\#}$ 机针，用 60 支纱缝制线；一般料用 $14^{\#}$ 机针，用 40 支纱缝制线；全部做缝为 1cm，缝制针距平均 3cm 用 14 针，拷边针距 3cm 用 13 针。所用线色与大身相同。

（一）做缝制标记

按要求分别在以下几个部位打上刀口，①在前片的挂面宽胸贴袋位；②底边宽；③后片的裥位；④后片上中点袖片的对肩点；⑤袖口裥位以及后过肩面后中点。将门、里襟挂面按照刀口折转烫好。

（二）做、装胸贴袋

（1）做胸贴袋。把贴袋的袋口贴边折叠两折，剩下的三边扣光毛缝 0.6cm，四周用扣烫法烫平整。

（2）装胸贴袋。按缝制标记把贴袋放在左衣片的正面，从左面开始用针缉止口 0.1cm，封袋口宽为 0.5cm，与袋口贴边宽同长的直角三角形，要求叠 5 针原针，装袋距离止口线 8cm；颈间点下量 19.5cm。如图 7-2 所示。

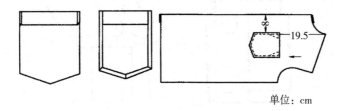

单位：cm

图 7-2 做、装胸贴袋

（三）装后过肩

装后过肩，上中下层分别不同：上层过肩正面在下，中间后片正面在上，下层过肩正面在上，使三者合一缝 1cm，中间要对准刀口，裥倒向袖笼方，而且不能斜，裥在距袖笼 10cm 处。如图 7-3 所示。

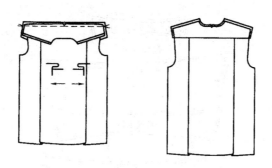

图 7-3 装后过肩

（四）缝合肩缝

将前片的反面放在上面，下层过肩的反面放在上面，两者缝合。再将上层过肩沿 0.9cm 处折进，缉 0.1cm 明线。如图 7-4 所示。

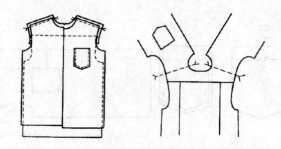

图 7-4 缝合肩缝

（五）做领

首先将领衬粘在领面的反面上，使领里与领面大小相合，正面在中间，距衬子 0.2cm 处缉线。领角处的领里要稍拉，在领角拐弯点放一根线。修剪翻领，三边余缝 0.5cm，领角处 0.3cm。然后小烫，在领里用反面烫，不能反吐，使两领角大小一致。如图 7-5 所示。

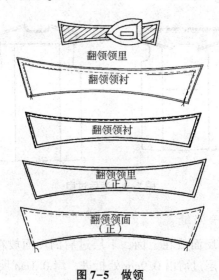

图 7-5 做领

（六）做底领

做底领的方法如图 7-6 所示。

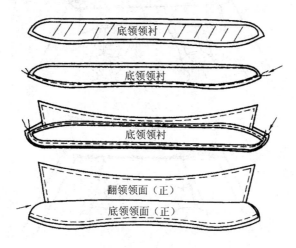

图 7-6　做底领

将按净缝裁好的底领领衬贴在底领的领里反面。底领用包烫，在底领下口缉线 0.7cm，在中间及缺嘴点做刀口记号。

底层底领正面在上，中间领面正面在上，上层底领衬子在上，使三者合一。按衬子净样圆度转圆，两头用倒回针，缉缝中间对准刀口。

修剪余缝，中间留 0.5cm，两圆度点留 0.3cm。

小烫。将三合一拉开烫平；确保两圆度一致，在领角 0.8cm 处做缝，中间和肩缝处都要做记号。

（七）装领

装领的方法如图 7-7 所示。

对齐领角领面的下口跟衬衫的领窝下口，并且使之正面相对，起落针与领角比门里襟缩进 0.1cm。

在距离翻领缺嘴往里 6cm 处开始缉线，缉线宽度为

.15cm，缺嘴和下口缉线 0.1cm。

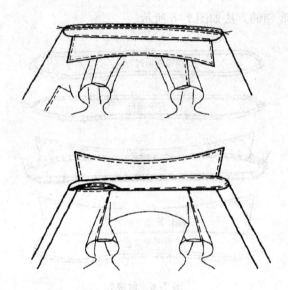

图 7-7　装领

（八）做袖衩

做袖衩的方法如图 7-8 所示。

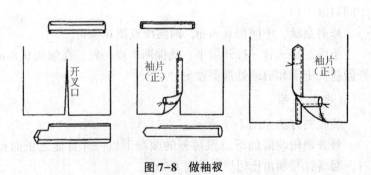

图 7-8　做袖衩

把袖衩剪成三角形，小开门装在靠小的一边，小开门 1cm，用线缉上，正面 0.1cm，反面 0.15cm，反封三角形。

在大的一边装大开门，一线上宝剑头，封三角针 3cm，来回三道封针，在距离大开门 4cm 处收裥，裥要倒向大开门方，收裥要正，不能歪。

（九）做克夫

做克夫的步骤如图 7-9 所示。

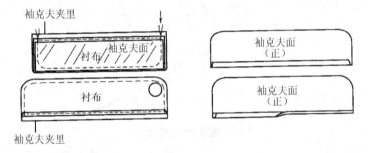

袖克夫夹里

衬布

袖克夫面

衬布

袖克夫夹里

袖克夫面（正）

袖克夫面（正）

图 7-9　做克夫

（1）先将衬子粘在克夫面子的反面。

（2）合克夫。将底层克夫的里与上层克夫的面子相合，使之正面相对，在距离克夫净样 0.2cm 处转圆，两头用倒回针缉缝。

（3）修剪克夫。三边修剪，留 0.5cm 的余缝。

（4）小烫克夫。在克夫里子上熨烫，注意反吐。

（十）装袖

把大身摆在下层，衣袖摆在上层，并使之正面相对，在拐弯处大身稍微拉势，袖山稍微松势，在 1.0cm 处做缝，然后一起拷边。如图 7-10 所示。

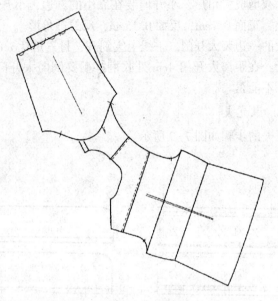

图 7-10　装袖

（十一）缝合摆缝

把后衣片放下层，前片放上层，要对齐袖底的十字缝，在
1.0cm 处用线缉缝，然后一起拷边。如图 7-11 所示。

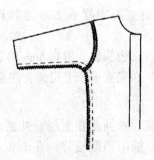

图 7-11　缝合摆缝

（十二）装袖克夫

上克夫用一线，正面在 0.1cm 处缉线，反面在 0.15cm 处缉线。克夫三面在 0.7cm 处缉线，注意两角的圆度一样，大开门与克夫要垂直。如图 7-12 所示。

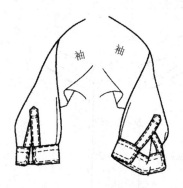

图 7-12　装袖克夫

（十三）卷底边

将领口处对齐，门里襟相合，折边做 0.8cm 的缝，贴边宽度 1.2cm。两边宽窄相同，缝对缝。如图 7-13 所示。

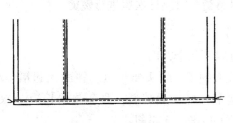

图 7-13　卷底边

（十四）锁眼钉扣

在门襟底领要锁横扣眼 1 个，门襟处锁直扣眼 5 个，进出距门襟止口 2cm，在袖克夫门襟处锁横扣眼，左右各一个，进出距离克夫边 1.2cm，眼大小均为 1.2cm。最后按照眼位在对应位置上钉扣，注意里襟纽位要比扣眼中心低 0.1cm。如图 7-14 所示，其中，*L* 表示衣长。

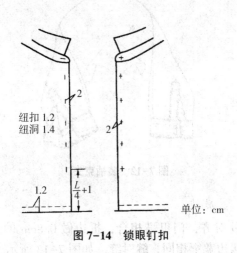

纽扣 1.2
纽洞 1.4

单位：cm

图 7-14　锁眼钉扣

（十五）整烫

用吸风整烫台对整件衣服进行熨烫。

（十六）检验

检验分以下几个方面。

（1）检查领子。领头要平挺，领面无起褶、起泡现象，缉领止口的宽窄一样，无链形，两个领角长短一致并且有窝势，装领处门襟上口平直无歪斜。

（2）检查袖子。装袖圆顺，两袖克夫圆头对称、宽窄一致，明止口顺直，左右袖衩平服对称。

（3）检查衣身。门襟长短相当，宽窄一致，胸贴袋位置准确，丝缕顺直无歪斜，封袋口三角左右对称。

（4）检查尺寸规格。成品的尺寸要符合规格要求，长度和围度的尺寸误差不能超过允许的范围。

男衬衫的具体缝纫标准同女衬衫缝纫标准。

第二节 女衬衫的制作技能

一、外观概述

领为平尖，右襟上有 5 粒扣眼，前身带有腋下省，袖口上装有克夫并打细褶。外形如图 7-15 所示。

图 7-15 女衬衫外形

二、成品规格

女衬衫成品规格，如表 7-2 所示。

表 7-2 成品规格　　　　　　单位：cm

衣长	胸围	袖长	袖克夫	领围	肩宽
＄62	100	40	53	21.5	35.5

三、制作流程

①收省→②烫门、里襟和省→③缝合肩缝→④拷边肩缝→⑤做领→⑥绱领→⑦做袖子→⑧绱袖子拷边→⑨合摆缝→⑩拷边→⑪卷底边→⑫锁眼、钉扣→⑬整烫→⑭检验。共分 14 步。

四、制作步骤

缝制用针：薄料用 11# 机针，用 60 支纱缝制线；一般料用 14# 机针，用 40 支纱缝制线；所有做缝为 1cm，缝制针距为 3cm/14 针，拷边针距为 3cm/13 针。所用线色全部与大身相同。

（一）收省

在前腋下收省，要对准上下刀眼，使正面相对，绱线要顺，省尖要用线绱尖。如图 7-16 所示。

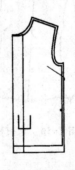

图 7-16　收省

（二）烫门、里襟和省

烫门、里襟：门和里襟分别粘一层 20g 有纺衬，按剪口将宽窄烫好，熨烫必须从上到下，丝络要顺直。烫省：反面要倒向袖笼方向，不能出现折裥现象。如图 7-17 所示。

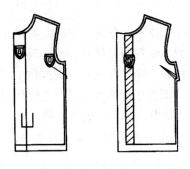

图 7-17　烫门、里襟和省

（三）缝合肩缝

做一个 1cm 的缝，缝份要顺直，在肩处和领处要用倒回针。如图 7-18 所示。

图 7-18　缝合肩缝

（四）拷边肩缝

在前身摆上层进行拷边。如图 7-19 所示。

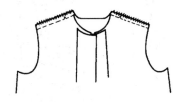

图 7-19　拷边肩缝

（五）做领

做领，分粘衬、画领、合领、翻领、烫领 5 个步骤。

（1）粘衬。把 20g 有纺衬粘在领面的反面。

（2）画领。按领子净样在领里反面画出。

（3）合领。领面在下，领里在上，把领面和领里的正面相合，再按照画线缝制而成。领尖里稍拉势。

（4）翻领。把缝头按照缝线留出 0.5cm，然后翻出，注意要使两角对称。

（5）烫领。领子翻好后，进行整体熨烫，注意领里不能反吐，两端、领尖长短要一致，做好左右肩缝对称刀口、背中刀口，留上领缝 0.8cm。

（六）缉领

从左襟开始缉缝 0.8cm，按止口把挂面折转使领子夹在中间，然后对准叠门眼刀，缉领起，要用倒回针收针，领与里口、领口的缝份一齐缉缝，缝到距挂面里 1cm 处，在上下 4 层上打剪口，要使剪口不超过 0.8cm，注意不要剪断缉线，然后翻起挂面和领面，对齐领里和领口并且继续缉线，缉缝要均匀，将后肩缝往后身折倒，把后领中刀口与后中刀口对齐，使之左右相距一致。如图 7-20 所示。

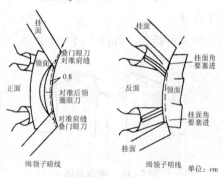

图 7-20　缉领

（七）做袖子

做袖子，主要分为以下几步，如图7-21所示。

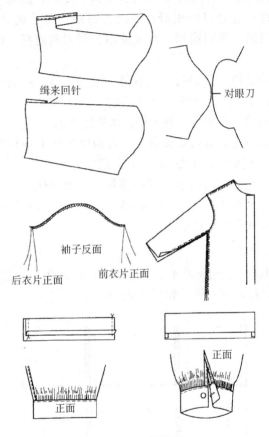

图7-21　做袖子

（1）缉袖衩。袖开衩缝份0.5cm，在开衩转弯处缉缝0.3cm，顺方向转弯，在转弯处应注意以下几点：不得出现死褶；不露毛茬；袖衩不能有链形；反面不漏针。袖衩：宽1cm，正面0.1cm，反面0.15cm。

（2）封袖衩。使袖子正面相对，对齐袖口，摆平袖衩。封袖衩时，在离开袖衩转弯 1cm 处用来回针缉缝。

（3）缂衣袖。把袖子放在大身上面，使之正面相对，肩缝往后倒，在拐弯处刀口相对，袖山头稍松，袖子吃势要均匀，并齐袖笼与袖口然后缉缝，对准袖山头眼刀与肩缝，使肩缝向后身倒。

（4）合摆缝。摆缝时一律看前片进行缉缝，使前后衣片松紧相宜，长短一致，十字缝要对齐。

（5）拷边。把前身摆在上层，拷边缝为 1cm。

（6）做克夫。衣料正面叠合，将面里折转 1cm 缝份，把两头封住，大小按规格剪裁，然后修剪翻烫。

（7）缂克夫。折转袖开衩门襟片，将袖缝往后倒，克夫要用一线上，正面 0.1cm，反面 0.15cm，克夫与袖衩要垂直，不能反吐，而且长短一致。

（八）卷底边

回毛 1cm，底边宽度 1.2cm，在 0.1cm 处缉线，将摆缝往后倒，使门里襟宽窄一致。如图 7-22 所示。

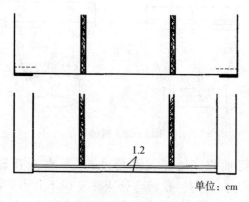

单位：cm

图 7-22　卷底边

（九）锁眼

纽洞大小1.5cm，将底边向上（$L/4+1$），领装往下1.2cm，5粒扣，中间距离相等分。横纽洞，叠门向外0.3cm，向里1.2cm。克夫宽度4cm，在中间。在离边1.2cm处定纽洞。如图7-23所示。

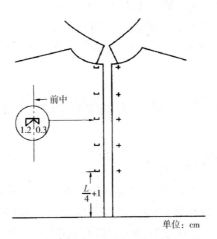

前中

1.2 | 0.3

$\dfrac{L}{4}+1$

单位：cm

图7-23 锁眼和钉纽扣

（十）钉纽扣

对齐放平门里襟，把门襟翻起进行定位，用铅笔做上记号，在叠门中线上，钉纽扣来回八根线，接头要放在两层之中。如图7-23所示，其中，L表示衣长。

（十一）整烫

在整烫前必须先要了解面料的耐热程度，熨烫度，是否会产生水渍。整件衬衫应先全部用吸风整烫机烫平，再进行折叠。

（十二）检验

检验可分以下6个方面。

（1）领子平服，里外自然，绱领端正，左右对称。

（2）绱袖圆顺，左右对称。袖口细褶要均匀，袖开口及袖头宽窄要一致。

（3）门襟止口顺直，长短相宜，宽窄一致，互差要少于0.3cm，而且门襟要稍长于里襟。

（4）身长、袖长误差要少于0.5cm，领口、袖口误差要少于0.3cm，胸围误差要少于1cm。

（5）底边顺直、平服，松紧相宜，宽窄互差要少于0.2cm。

（6）缝线不能出现跳针或浮线，线头要剪干净，无线头外露。

第三节　男西裤的制作步骤及技能

一、外形概述

男西裤又称普通裤，在前身的两侧各有一个斜插袋，一个平行裥，前身门襟装拉链，后身两侧腰口位各收两个省道，后身两侧各做一个双嵌线后插袋。外形如图7-24所示。

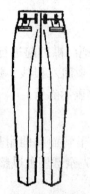

图7-24　男西裤外形

二、成品规格

男西裤的成品规格，如表 7-3 所示。

表 7-3　成品规格　　　　　　　　单位：cm

号型	裤长	立裆	腰围	臀围	半裤口
$ 170/74A	102.5	27	80	100	23

三、制作流程

首先准备好腰、斜袋垫袋布、后袋垫袋布、后袋嵌线布、门襟、里襟布和串带。基本制作流程如下。

①点位→②小烫（粘衬）腰、袋口、门里襟→③缉省道并小烫→④粘衬→⑤挖后嵌线袋→⑥小烫袋口→⑦做斜插袋→⑧缉中缝→⑨小烫开缝→⑩装斜插袋（收前裥，定尺寸）→⑪拼前后裆→⑫分烫前后裆缝→⑬装拉链→⑭做腰、上腰（定串带）→⑮撬边→⑯做手针→⑰整烫→⑱检验。共 18 个步骤。

四、制作步骤

缝制用针用 14# 机针，用 40 支纱缝制线；做缝为 1cm，线的颜色与布料相同。

（一）点位

点位主要包括后省、袋、前裥、门襟的点位。如图 7-25 所示。

（二）粘衬、小烫

先粘腰衬即 20g 有纺衬，然后粘后袋口、前袋口、袋口嵌线布、门襟、里襟等部位，再对裤口贴边进行小烫。如图 7-26 所示。

（三）缉省道并小烫

在后片缉省道，缉时应注意部位准确、顺直，烫后省从反

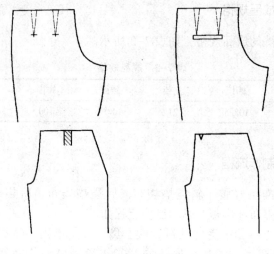

图 7-25　点位

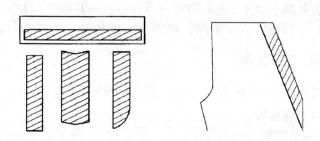

图 7-26　粘衬、小烫

面看。往后倒，要注意使省尖不起泡。

（四）粘衬

粘衬要在后袋位置处，注意粘衬时要使后省处平服，不能把衣片烫亮、发光或发黄。如图 7-27 所示。

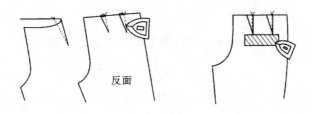

反面

图 7-27　粘衬

（五）挖后嵌线袋

挖后嵌线袋的方法步骤，如图 7-28 所示。

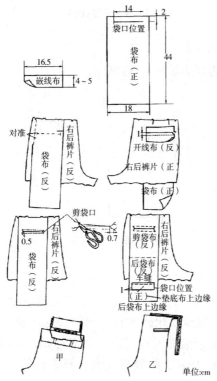

单位:cm

图 7-28　挖后嵌线袋

（六）小烫袋口

先将袋口折进 1cm，然后烫平即可。如图 7-29 所示。

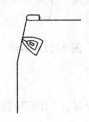

图 7-29　小烫袋口

（七）做斜插袋

做斜插袋的方法如图 7-30 所示。

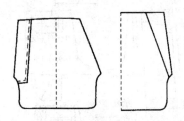

图 7-30　做斜插袋

（八）装斜插袋

把前片正面摆在上层，并将其与袋布正面相对，缉缝 0.8cm，上下处缉缝要用倒回针。再将袋布折进，然后用明线缉 0.7cm。将底层袋布对准刀口，上下对齐，下口处留 1cm 侧缝然后拼缝，在 1cm 处缉缝里袋布，再进行拷边。如图 7-31 所示。

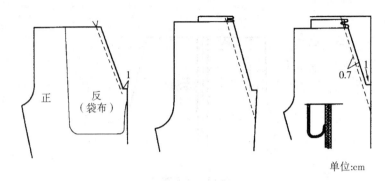

单位:cm

图 7-31 装斜插袋

（九）缉中缝

将后片放在下层，前片放在上层，并对齐两侧缝的两端，缉缝时要求松紧适宜，缉缝袋口处要用倒回针。如图 7 - 32 所示。

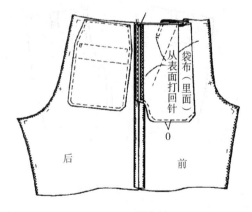

图 7-32 缉中缝

（十）分烫侧缝

将侧缝展开，然后烫平即可。如图 7-33 所示。

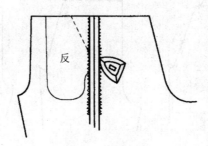

图 7-33　分烫侧缝

（十一）拼前后裆

对齐前后裆缝的两端，然后进行缉缝，前后裆缝要用双线缝制。如图 7-34 所示。

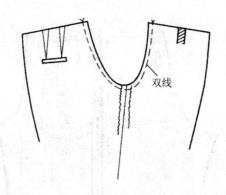

图 7-34　拼前后裆

（十二）分烫前后裆缝

先将前后裆缝拉开，然后分别熨烫。如图 7-35 所示。

图 7-35　分烫前后裆缝

（十三）装拉链

装拉链的方法，如图 7-36 所示。

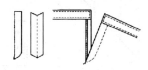

图 7-36　装拉链

（十四）做腰、上腰、钉皮带扣

如图 7-37 所示，分别为做腰、上腰、钉皮带扣的方法。

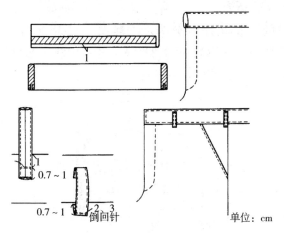

图 7-37　做腰、上腰、钉皮带扣

（十五）做手针

做手针，是指把裤钩在腰头门里襟两端固定好，然后在里襟拉链上口。如图 7-38 所示。

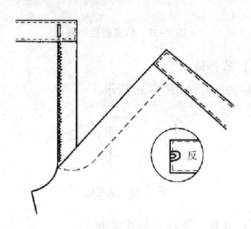

图 7-38　做手针

（十六）整烫

西裤的整烫顺序可分为：①腰头→②串带袢→③裆→④省→⑤侧袋→⑥后袋→⑦门里襟→⑧裤中线→⑨裤口，分别依次熨烫。如图 7-39 所示。

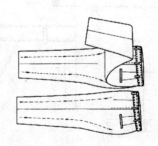

图 7-39　整烫

第四节　女西裙的制作技能

裙装的款式多、变化大而且面料不受限制、四季皆宜。这些特点使裙装制作简单易行。下面以女西裙为例，重点讲授一下做后衩、上拉链、装腰头等缝制工艺。

一、外形简述

前、后腰口分别收 4 个省，在后中缝上端装拉链，下端则开衩，装腰头。外形如图 7-40 所示。

图 7-40　女西裙外形

二、成品规格

如表 7-4 所示。

表 7-4　女西裙成品规格　　　　　　　　单位：cm

号型	裙长	腰围	臀围
＄ 165/68A	70	68	96

三、制作流程

①检查裙片→②点位→③小烫、粘 20g 有纺衬→④缉省缝并小烫→⑤缉后中缝并熨烫→⑥装拉链→⑦做后衩→⑧缉侧缝并分烫侧缝→⑨做腰、上腰→⑩做手针→⑪整烫→⑫检验，共分 12 步。

四、具体制作步骤

缝制用针：薄料一般用 11$^#$机针，用 60 支纱缝制线；一般料用 14$^#$机针，用 40 支纱缝制线；做缝份为 1cm，后装拉链缝为 15cm，缝制拷边线与衣料颜色相同。

（一）检查

检查裙片注意三方面，如图 7-41 所示。

（1）查看主、副片是否齐全。

（2）检验规格是否正确。

（3）查看各部件有没有残、疵点及色差等状况。

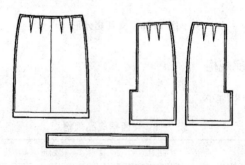

图 7-41　检查裙片

（二）点位

前后省位如图 7-42 所示。

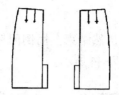

图 7-42 前后省位

(三) 小烫、粘衬 (20g 有纺衬) 步骤

粘腰衬→烫腰→做腰→烫底边→开衩粘衬→烫装拉链处粘衬。如图 7-43 所示。

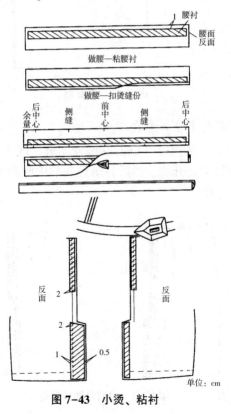

单位: cm

图 7-43 小烫、粘衬

（四）缉省缝

在缉缝省尖时要自然结束，用倒回针，以防开缝，然后将省缝全部烫熨。如图 7-44 所示。

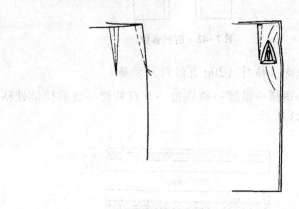

图 7-44　缉省缝

（五）缉后中缝并熨烫

缉后中缝应从拉链开口的底端开始缝，缝至开衩上端，两端都要打回针以防开线。然后将缉好的后中缝摆平，分开熨烫。如图 7-45 所示。

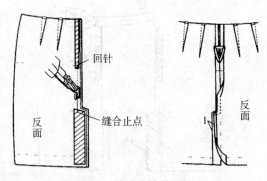

图 7-45　缉后中缝并熨烫

（六）装拉链

装拉链时，先把拉链放在衣片下面，摆平边装，在左片上缉 1cm 明线，再在右片上缉 0.15cm 的明线。这样使得在拉链拉好后，左片恰好盖住拉链使之不外露。如图 7-46 所示。

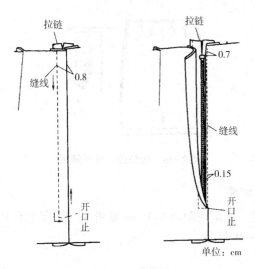

图 7-46　装拉链

（七）做后衩

先将后中缝先折转扣直固定，然后里襟对折，衩上用封针来回缉 3 次即可。如图 7-47 所示。

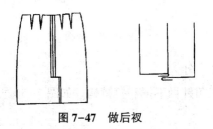

图 7-47　做后衩

（八）缉侧缝、分烫侧缝

缉侧缝要按照缝份要求缉，缉好后把它摆放平整，分开熨烫。如图 7-48 所示。

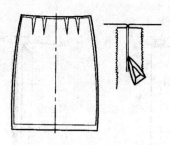

图 7-48　缉侧缝、分烫侧缝

（九）绱腰

绱腰时，正面在距离 0.15cm 处缉线，反面则在 0.2cm 处缉线。如图 7-49 所示。

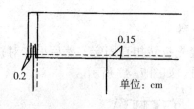

图 7-49　绱腰

（十）做手针

包括用三角针做下摆和钉裤钩。如图 7-50 所示。

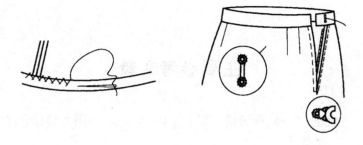

图 7-50　做手针

主要参考文献

凌静，2016. 服装缝纫车工 ［M］. 北京：中国劳动社会保障出版社.

刘兴武，2016. 缝纫工一本通 ［M］. 合肥：安徽科学技术出版社.

徐丽，2016. 服装裁剪与缝纫入门 ［M］. 北京：化学工业出版社.

徐丽，2016. 服装缝纫技巧 80 例 ［M］. 北京：化学工业出版社.

周章金，于剑，2017. 服装缝纫工 ［M］. 北京：北京希望电子出版社.